Sarah Nagel

Análise política do Plano de Ação da UNESCO para a Igualdade de Género 2014-2021

Sarah Nagel

Análise política do Plano de Ação da UNESCO para a Igualdade de Género 2014-2021

ScienciaScripts

Imprint
Any brand names and product names mentioned in this book are subject to trademark, brand or patent protection and are trademarks or registered trademarks of their respective holders. The use of brand names, product names, common names, trade names, product descriptions etc. even without a particular marking in this work is in no way to be construed to mean that such names may be regarded as unrestricted in respect of trademark and brand protection legislation and could thus be used by anyone.

Cover image: www.ingimage.com

This book is a translation from the original published under ISBN 978-3-659-93176-5.

Publisher:
Sciencia Scripts
is a trademark of
Dodo Books Indian Ocean Ltd. and OmniScriptum S.R.L publishing group

120 High Road, East Finchley, London, N2 9ED, United Kingdom
Str. Armeneasca 28/1, office 1, Chisinau MD-2012, Republic of Moldova, Europe
Printed at: see last page
ISBN: 978-620-7-92856-9

Índice:

Capítulo 1 3

Capítulo 2 11

Capítulo 3 32

Resumo

O *Plano de Ação Prioritário para a Igualdade de Género 2014-2021* foi criado em resposta à avaliação e apreciação do *Plano de Ação Prioritário para a Igualdade de Género 2008-2013,* que surgiu como uma forma de responsabilizar a UNESCO pelos seus mandatos em matéria de igualdade de género enquanto agência das Nações Unidas. Esta investigação forneceu uma análise política relativa à eficácia do *Plano de Ação Prioritário para a Igualdade de Género 2014-2021* como uma iniciativa global para promover a igualdade de género. A análise foi estruturada em quatro secções. A primeira apresenta o contexto da política, o seu estado atual e a análise das partes interessadas. Em segundo lugar, foram analisados os componentes da política, incluindo os seus objectivos, implementação e resultados. Em terceiro lugar, foram analisados os dados para procurar mais provas da força e sustentabilidade da política. Por último, foi construída uma análise da política com base na investigação supramencionada relativamente à eficácia do plano atual nos seus objectivos e nos da UNESCO como um todo. Em resposta a esta análise, foram também apresentadas recomendações para futuras melhorias.

Os resultados forneceram uma representação clara da evolução positiva da programação da igualdade de género, com a conclusão de que a política é eficaz na promoção do mandato da UNESCO para a igualdade de género e dos objectivos específicos da política. Outras recomendações para a programação futura, baseadas na análise, foram uma maior responsabilização de todas as partes interessadas, um maior enfoque nas estruturas do programa e da avaliação e um maior esforço para discutir a forma como a violência baseada no género afecta a educação.

Capítulo 1

Introdução

Enquanto crescia, era comum ouvir os meus pais dizerem que eu podia fazer tudo o que me propusesse. Se me aplicasse e fizesse o melhor que pudesse, não havia razão para ser tratada de forma diferente ou ter acesso a menos recursos só porque era mulher. À medida que fui crescendo e me interessei mais pela política e pela internacionalização, comecei a concentrar-me não só na forma como as mulheres eram tratadas através dos meios de comunicação social e da educação nos Estados Unidos, mas também em todo o mundo. Quanto mais aulas tinha e quanto mais lia artigos publicados por organizações como o Instituto de Educação Internacional e as Nações Unidas, mais me apercebia de que havia muito mais trabalho a fazer pela igualdade de género.

Avançando rapidamente para as eleições presidenciais norte-americanas de 2016, vi no ecrã os números que se recusavam a subir para a Secretária Clinton e as lágrimas que corriam nos rostos dos apoiantes à medida que se apercebiam lentamente de que a Secretária Clinton não se ia tornar a primeira mulher presidente dos Estados Unidos. Os resultados reafirmaram o meu receio de que os Estados Unidos se tivessem revelado extremamente misóginos. Como mulher branca de classe média nos Estados Unidos, senti medo pela primeira vez em relação a pensamentos que eu supunha que nunca viriam à minha mente; medos do século XX que assombravam as minhas avós e bisavós, mas certamente não a mim. Temi pelos meus direitos reprodutivos, pelo meu direito de escolha, pelos meus cuidados de saúde e perguntei-me que tipo de benefícios teria quando chegasse à velhice. Percebi então que o medo que sentia pode ser o das mulheres de todo o mundo que nunca tiveram uma fração dos direitos e da segurança que eu tive quando cresci nos Estados Unidos. Lydia Smith, uma jornalista do *International Business Times,* escreveu recentemente um artigo no qual elaborou uma lista de dez razões pelas quais temos de continuar a trabalhar em prol de um mundo que promova os direitos das mulheres, em vez de prejudicar o seu potencial e ignorar o seu direito à igualdade. A lista é a seguinte:

1. Em janeiro de 2015, apenas 17% dos ministros do governo a nível mundial eram mulheres (União Interparlamentar, 2015).

2. Em todo o mundo, as mulheres recebem menos do que os homens e, na maioria dos países, ganham em média 60 a 75 por cento do salário dos homens (World Bank Gender Data Portal, 2015).

3. Mais de um terço das mulheres foram vítimas de violência física/sexual por parte de um parceiro e/ou de violência sexual por parte de um não parceiro durante a sua vida.

4. Um inquérito da UE revelou que 34% das mulheres com um problema de saúde ou deficiência tinham sido vítimas de violência por parte de um parceiro durante a sua vida, em comparação com 19% das mulheres sem um problema de saúde ou deficiência (Agência dos Direitos Fundamentais da União Europeia, 2014).

5. De acordo com a ONU Mulheres, nos países em conflito e pós-conflito, a mortalidade materna é, em média, 2,5 vezes superior (ONU Mulheres, 2015).

6. As mulheres são mais susceptíveis do que os homens de trabalhar em empregos informais. No Sul da Ásia, mais de 80 por cento das mulheres com empregos não agrícolas têm um emprego informal. Na África Subsariana, o número é de 74%, e na América Latina e nas Caraíbas, é de 54% (ONU Mulheres, 2015).

7. Dos 585 acordos de paz celebrados entre 1990 e 2010, apenas 92 continham qualquer referência às mulheres (International and Comparative Law Quarterly, 2010).

8. De acordo com o Banco Mundial, as mulheres têm uma responsabilidade

desproporcionada na prestação de cuidados às crianças, aos idosos e aos doentes, gastando dez vezes mais tempo por dia em trabalho não remunerado do que os homens.

9. A participação das mulheres aumenta em 20% a probabilidade de os acordos de paz durarem pelo menos dois anos. De acordo com a ONU Mulheres, também aumenta em 35% a probabilidade de um acordo de paz durar 15 anos.

10. As raparigas que concluem o ensino primário e secundário têm mais probabilidades de obter rendimentos, de ter menos gravidezes indesejadas e de quebrar o ciclo da pobreza (2016).

Com tantas estatísticas que não só expressam as desvantagens extremas das raparigas e das mulheres, mas também ilustram como o mundo poderia potencialmente ser um lugar mais pacífico, este momento tornou-se um ponto de viragem para mim. Queria perceber como é que a comunidade internacional estava a combater estas disparidades entre géneros. Foi então que tomei conhecimento da iniciativa da Organização das Nações Unidas para a Educação, a Ciência e a Cultura (UNESCO) de promover a igualdade de género a nível mundial através de uma série de planos de ação, sendo o mais recente o *Plano de Ação Prioritário para a Igualdade de Género 2014-2021.*

Para este trabalho de fim de curso ligado à análise de políticas, serão debatidas as seguintes questões Que provas existem de que o *Plano de Ação Prioritário para a Igualdade de Género 2014-2021* promoveu até agora a igualdade de género a nível mundial? Com base nas provas, o plano é sustentável? O plano cumpre o mandato da UNESCO em matéria de igualdade de género? Para responder a estas perguntas, o *Plano de Ação Prioritário para a Igualdade de Género 2014-2021* será analisado em quatro secções. Em primeiro lugar, serão discutidos os antecedentes históricos e culturais que conduziram a esta política, incluindo informações de base sobre o plano de ação anterior, o *Plano de Ação Prioritário para a Igualdade de Género 2008-2013* e, em seguida, será apresentada uma análise do plano atual pelas partes interessadas. Além disso, serão identificados os componentes da política, incluindo uma análise de dados secundários, concluindo com uma análise global da força e influência da política na promoção da igualdade entre homens e mulheres. Em seguida, serão apresentadas recomendações com base na análise efectuada.

Como será discutido, o *Plano de Ação Prioritário para a Igualdade entre Homens e Mulheres 2014-2021*, em resposta ao *Plano de Ação Prioritário para a Igualdade entre Homens e Mulheres 2008-2013,* ilustra um processo de resolução de problemas - um processo que visa a avaliação e o ajustamento contínuos para alcançar um objetivo. No caso desta política, o objetivo é apresentar o plano mais sustentável para a promoção da igualdade de género à escala mundial. A presente análise política fornecerá elementos de prova e de discussão sobre a força desse objetivo.

Situação atual da política

Como parte do *Plano de Ação Prioritário para a Igualdade de Género 2014-2021* e em resposta às alterações introduzidas no Plano de Ação anterior, a secção específica para a educação presta mais atenção à "redução das disparidades de género na alfabetização de jovens e adultos e no ensino pós-primário (em termos de acesso, qualidade e resultados de aprendizagem)" (Plano de Ação, p. 29). Nos últimos três anos, desde a implementação do *Plano de Ação Prioritário para a Igualdade de Género 2014-2021,* o Diretor-Geral da Conferência Geral apresentou relatórios que descrevem numerosas iniciativas para promover a igualdade de género, lideradas pela Divisão de Igualdade de Género da UNESCO. Enquanto partes interessadas na política, tanto o Diretor-Geral, enquanto parte da Conferência Geral dos Estados-Membros, como a Divisão para a Igualdade de Género da UNESCO, são responsáveis pela elaboração de relatórios.

A Divisão da Igualdade será discutida mais adiante na análise, bem como os seus papéis na implementação da política. Para compreender melhor a política em questão, é importante começar por apresentar a UNESCO como agência das Nações Unidas e o seu enquadramento sob a forma das suas cinco secções ou "Programas Principais".

Antecedentes

Enquanto agência das Nações Unidas, a UNESCO é responsável e tem a obrigação de promover a igualdade entre homens e mulheres à escala global no âmbito do quadro da agência, que inclui cinco "Programas Principais" distintos. Cada programa trabalha em coordenação com os outros para promover a igualdade de género de forma holística e contribuir para os resultados do desenvolvimento em termos de igualdade de género:

- Programa principal I: Educação - O Programa de Educação aborda as disparidades persistentes em matéria de igualdade entre homens e mulheres e promove a igualdade entre homens e mulheres na educação através do sistema educativo.
- Programa Principal II: Ciências Naturais - O Programa de Ciências Naturais fornece fortes modelos para as mulheres na ciência, desenvolvendo as suas capacidades em ciências naturais e engenharia. São realçados os contributos de homens e mulheres no seio da comunidade científica.
- Programa Principal III: Ciências Sociais e Humanas - O Programa de Ciências Sociais e Humanas assegura a plena integração da igualdade de género nas políticas de inclusão e transformação social.
- Programa principal IV: Cultura - O Programa Cultura garante que tanto as mulheres como os homens têm o direito de aceder, participar e contribuir para a vida cultural.

- Programa Principal V: Comunicação e Informação - O Programa de Comunicação e Informação promove iniciativas únicas para capacitar as mulheres e as raparigas. Plano de Ação, p. 28-41).

No final de 2013, o Serviço de Supervisão Interna, que será discutido mais tarde como um interveniente político, executou uma avaliação do anterior *Plano de Ação Prioritário para a*

Igualdade de Género 2008-2013, mostrando que "foram feitos progressos significativos na expansão do acesso à educação para raparigas e mulheres durante a última década; a taxa líquida de matrícula no ensino primário a nível global aumentou de 79% em 1999 para 88% em 2010" (Plano de Ação, p. 28). Podem ser observados progressos semelhantes no que respeita ao ensino secundário, com uma taxa bruta de matrícula que subiu de 56% em 1999 para 69% em 2010. Embora o aumento da percentagem de matrículas de raparigas e mulheres jovens seja impressionante, a percentagem de matrículas no ensino secundário, independentemente do aumento, continua a ser média e, para muitos, ainda não é suficiente. No entanto, as taxas de matrícula são apenas uma parte de um problema maior. Para implementar políticas que defendam melhor a igualdade entre os sexos na educação à escala global, é necessário abordar muitos outros aspectos para além do acesso aos currículos, tais como o contexto histórico e económico e a localização geográfica onde a programação da igualdade entre os sexos está a tentar ser implementada.

Talvez o que deva ser abordado em primeiro lugar e acima de tudo em termos de contexto para as iniciativas de igualdade de género deva ser a definição e a história do género, bem como a integração da perspetiva de género. De acordo com a Dra. Andrea Cornwall, professora de Antropologia e Desenvolvimento Internacional na Escola de Estudos Globais da Universidade de Sussex e a Dra. Althea-Maria Rivas, professora de Paz Crítica e Conflitos no Centro de Estudos de Desenvolvimento da Universidade de Bath,

> O termo "género" entrou no mundo das ciências sociais a partir de dois pontos de origem muito diferentes. O primeiro foi o trabalho dos sexólogos na década de 1950, que estavam a lidar com o que ficou conhecido como "disforia de género": pessoas que sentem que a sua identidade essencial está em conflito com os corpos em que nasceram. O segundo ponto de origem vem dos teóricos feministas dos anos 70, que defendiam a relação inversa entre "sexo" e "género". Neste discurso, o "sexo" era a base sobre a qual o "género" era mapeado: o "género" era maleável e o "sexo" era apelidado de "biológico" e tratado como fixo (2015, p. 401).

É importante fazer uma distinção entre os dois termos, uma vez que são frequentemente confundidos na comunidade internacional. Uma vez que a igualdade de género é uma questão global que afecta todos, a UNESCO centra-se nas mulheres e nas jovens raparigas, bem como nos homens e nos jovens rapazes, a fim de promover a neutralidade de género desde tenra idade. À medida que a UNESCO promove programas relativos à fluidez do género, os indivíduos das comunidades internacionais podem sentir-se mais confortáveis e melhor representados no que diz respeito à sua própria identidade de género.

Tal como "género", é importante identificar também o termo integração da perspetiva de género. De acordo com a Organização Internacional do Trabalho, a integração da perspetiva de género é identificada como,

> O processo de avaliação das implicações para as mulheres e para os homens de qualquer ação planeada, incluindo legislação, políticas ou programas, em qualquer área e a todos os níveis. É uma estratégia para tornar as preocupações e experiências das mulheres, bem como dos homens, parte integrante da conceção, implementação, monitorização e avaliação de políticas e programas em todas as esferas políticas, económicas e sociais, de modo a que mulheres e homens beneficiem igualmente e a desigualdade não seja perpetuada (2013).

Aqui, a distinção entre "sexo" e "género" pode levar à categorização distinta de dois grupos separados: homens e mulheres. Mais importante ainda, "o conceito de 'sexo' polarizou o 'género', criando categorias opostas que pareciam repelir-se mutuamente, afastando o que era semelhante e acentuando o que era diferente" (Cornwall & Rivas, 2015, p. 401). Ao fazê-lo, a distinção das diferenças levou a um maior enfoque na ajuda às mulheres e raparigas através de iniciativas de igualdade de género, em vez de se concentrar tanto nos homens como nas mulheres, rapazes e raparigas. Como resultado, isto possivelmente prejudicou os programas com o objetivo da igualdade de género porque "as relações de género passaram a ser enquadradas em termos de uma relação de poder de oposição entre homens em geral e mulheres em geral, limitando o poder analítico do conceito de patriarcado para dar sentido à opressão de homens e mulheres" (Cornwall & Rivas, 2015, p. 401). Tendemos a esquecer que o patriarcado apresenta desafios tanto para os homens como para as mulheres. Enquanto muitas raparigas são ensinadas desde cedo que a sua beleza é mais importante do que as suas capacidades, os rapazes são ensinados que têm de ser duros e não devem exprimir emoções. Espera-se então que muitas mulheres se casem e tenham filhos, enquanto muitos homens devem ter uma carreira de sucesso e ganhar dinheiro. É importante compreender estas lutas para se chegar a um consenso claro sobre os desafios que se colocam à integração da perspetiva de género à escala global, a fim de implementar a programação mais eficaz que beneficie todos.

Capítulo 2

Análise das partes interessadas

Enquanto agência da ONU, as partes interessadas no *Plano de Ação Prioritário para a Igualdade de Género 2014-2021* da UNESCO são muitas. Para melhor compreender o processo de análise e avaliação das políticas, é importante descrever as partes interessadas que desempenham um papel na construção do *Plano de Ação Prioritário para a Igualdade de Género 2014-2021* e/ou que são afectadas pela sua construção e implementação:

Conferência Geral dos Estados Membros - Um dos dois órgãos directivos da UNESCO, a Conferência Geral é composta por 195 Estados membros da UNESCO. Os Estados membros são constituídos por países e territórios que recebem a filiação de Estado membro aquando da sua adesão às Nações Unidas. A Conferência Geral determina as políticas e as principais linhas de trabalho da UNESCO. A Conferência define os programas e o orçamento da UNESCO de dois em dois anos, elege os membros do Conselho Executivo e nomeia o Diretor-Geral de quatro em quatro anos (UNESCO, 2017).

Conselho Executivo - Sendo o segundo órgão diretivo da UNESCO, o Conselho Executivo assegura a gestão global da UNESCO, realizando tarefas específicas atribuídas pela Conferência Geral de dois em dois anos, com base na programação e no orçamento. Todos os membros do Conselho Executivo são eleitos pela Conferência Geral (UNESCO, 2017).

Divisão de Igualdade de Género - A Divisão de Igualdade de Género assegura a coordenação geral das políticas, estratégias e acções da UNESCO em apoio à igualdade de género e ao empoderamento das mulheres e está alojada no gabinete do Diretor-Geral (UNESCO, 2017). (Esta divisão será analisada em maior pormenor mais adiante).

Organização Internacional do Trabalho - Sendo a mais antiga agência das Nações Unidas, a Organização Internacional do Trabalho estabelece normas internacionais de trabalho, promove os direitos no trabalho e incentiva oportunidades de emprego digno. Trabalha para reunir governos, empregadores e representantes dos trabalhadores. Além disso, colabora com o Serviço de Supervisão Interna na avaliação da eficácia dos Planos de Ação para a Igualdade de Género passados e presentes (OIT, 2017).

Serviço de Supervisão Interna - Dependente direto do Diretor-Geral desde 2001, o Serviço de Supervisão Interna fornece garantias independentes e objectivas, bem como serviços de consultoria destinados a acrescentar valor e a melhorar as operações da UNESCO (UNESCO, 2017).

Governos de origem dos Estados Membros - Os governos internacionais são representados pelos Estados Membros na Conferência Geral. Qualquer programa ou política discutida na Conferência Geral é depois entregue pelos Estados membros a esses governos e é implementada.

Instituições de ensino - As instituições de ensino, tais como creches, escolas primárias e secundárias e universidades, são afectadas pelas alterações e decisões tomadas pela Conferência Geral, pelo Conselho Executivo e pela Divisão de Igualdade de Género na promoção da igualdade de género através da educação, tais como currículos, saúde e acesso.

Famílias - A promoção da igualdade de género pode afetar ou mesmo ameaçar o patriarcado dos agregados familiares. As famílias podem também ser afectadas pelo facto de lhes ser atribuída a responsabilidade inicial de promover a mudança através de iniciativas de igualdade de género. Dependendo do país e da cultura, a unidade familiar pode influenciar grandemente a comunidade, que por sua vez pode influenciar grandemente o governo.

Indivíduos - Se as raparigas e os rapazes forem ensinados desde cedo, como resultado de iniciativas de igualdade de género, a concentrarem-se nas suas semelhanças e não nas suas diferenças, as raparigas aprenderão que não há problema em serem fortes e os rapazes aprenderão que não há problema em serem emotivos. Os homens e as mulheres aprenderão a respeitar-se mutuamente e a trabalhar em conjunto para atingir objectivos comuns.

As partes interessadas nesta política são muitas, o que não deve surpreender, uma vez que o tema da igualdade global entre homens e mulheres é imenso. Este facto reconhece ainda mais a importância de adquirir um plano de ação que faça o seu melhor para apoiar e trabalhar com as suas partes interessadas. Segue-se uma revisão das componentes da política, para a qual serão utilizadas a recolha de dados e a análise de dados secundários, a fim de aprofundar a discussão sobre a influência internacional da política desde a sua criação em 2014.

Componentes da política

Formação de políticas

O *Plano de Ação Prioritário para a Igualdade de Género 2014-2021* foi elaborado em resposta à avaliação e apreciação do *Plano de Ação Prioritário para a Igualdade de Género 2008-2013,* que surgiu como uma forma de responsabilizar a UNESCO pelos seus mandatos em matéria de igualdade de género enquanto agência das Nações Unidas. É também um documento que acompanha a nova *Estratégia de Médio Prazo 2014-2021,* também conhecida como *37 C/4,* que "estabelece a visão estratégica e o quadro programático para a ação da UNESCO nos domínios da educação, ciências, cultura, comunicação e informação a nível mundial, regional e nacional nos próximos oito anos" (UNESCO, 2017) e o *Programa e Orçamento 20142017,* também conhecido como *37 C/5,* que "define o programa de actividades e os resultados que se espera alcançar no final de um período de quatro anos, e dois orçamentos bienais" (UNESCO, 2017).

Tal como referido anteriormente, o *Plano de Ação Prioritário para a Igualdade de Género 2014-2021* está dividido em vários programas. O Programa Principal 1: Educação discute como alguns dos casos mais extremos de discriminação são vividos em áreas de baixo rendimento, como favelas urbanas e comunidades rurais, contra mulheres e raparigas. Como tal, o Programa Principal 1: Educação propõe a mudança e o desenvolvimento em relação a países que têm uma posição económica mais baixa e uma maior disparidade cultural entre géneros. De acordo com o Plano de Ação, "O Programa visa abordar as disparidades persistentes entre os géneros e promover a igualdade entre os géneros em todo o sistema educativo: na participação *na* educação (acesso), *na* educação (conteúdos, contexto e práticas de ensino e aprendizagem, modos de prestação e avaliações) e *através da* educação (resultados da aprendizagem, oportunidades de vida e de trabalho)" (Plano de Ação, p. 12).

Estrutura de avaliação

A estrutura de avaliação do *Plano de Ação Prioritário para a Igualdade de Género 2014-2021* segue uma abordagem dupla. Embora a Organização Internacional do Trabalho e o Serviço de Supervisão Interna prestem apoio a avaliadores externos, a primeira centra-se nos direitos humanos e a segunda na programação; ambas avaliam a eficácia da programação da igualdade de género à escala internacional.

De acordo com o Relatório Final do *Plano de Ação Prioritário* da UNESCO para a *Igualdade de Género 2008-2013,* foi solicitada uma avaliação do plano de ação pela 190th sessão do Conselho Executivo em outubro de 2012 para determinar a estratégia operacional para o período de médio prazo (Forss, 2013, p. 1). A avaliação do *Plano de Ação Prioritário* da UNESCO para *a Igualdade de Género 2008-2013, elaborada* pela Organização Internacional do Trabalho e pelo Serviço de Supervisão Interna, foi então partilhada com a Divisão de Igualdade de Género e o Diretor-Geral da Conferência Geral. Com base nas conclusões, o Conselho Executivo trabalhou com a Conferência Geral, discutindo o que tinha funcionado e o que precisava de ser melhorado. O resultado final forneceu a informação necessária para implementar planos de ação futuros, como o mais atual *Plano de Ação Prioritário para a Igualdade de Género 2014-2021.*

O processo de avaliação que conduziu ao *Plano de Ação Prioritário para a Igualdade de Género 2014-2021* foi o seguinte

- Processo de avaliação interna pela Divisão de Igualdade de Género
- Revisão do Serviço de Supervisão Interna da Prioridade Igualdade de Género
- Relatório da Auditoria Participativa de Género do Secretariado Internacional do Trabalho
- Consultas com o pessoal da UNESCO de
    - o Sede social
    - o Gabinetes no terreno (onde a UNESCO desenvolve estratégias, programas e actividades em consulta com as autoridades nacionais)
    - o Estados-Membros (representantes de 195 países e territórios)

Com base na informação recebida, o quadro seguinte é uma representação das lições aprendidas com o *Plano de Ação Prioritário para a Igualdade de Género 2008-2013* fornecido pelo Serviço de Supervisão Interna no relatório final da UNESCO. O *Plano de Ação Prioritário para a Igualdade de Género 2008-2013* será listado como GEAP, *a Estratégia a Médio Prazo 2014-2021* será apresentada como *37 C/4* e o *Programa e Orçamento 2014-2017* será apresentado como *37 C/5.*

Lições aprendidas	Acompanhamento
O GEAP I continha demasiados resultados esperados (mais de 80 no total), pelo que era impossível implementar e acompanhar todos eles	O GEAP II optou por se centrar num número mais limitado (23) de resultados esperados, a fim de garantir a execução e o acompanhamento desses resultados

O GEAP I não estava totalmente alinhado com os documentos C/4 e C/5, o que dificultou muito o controlo	O GEAP II está totalmente alinhado com os documentos 37 C/4 e 37 C/5. Todos os resultados esperados no GEAP II são idênticos aos do documento 37 C/5 e serão objeto de acompanhamento.
O GEAP I não especificava de forma suficientemente clara as funções e responsabilidades de todo o pessoal, pelo que a responsabilização era difícil de obter	O quadro de responsabilização e o quadro de funções e responsabilidades contidos no GEAP II garantirão a responsabilização de toda a Organização pelo trabalho em prol da igualdade de género prioritária
Alguns colegas não tinham a certeza da definição de igualdade de género e da abordagem à igualdade de género no seu sector	O Plano de Ação para a Igualdade entre Homens e Mulheres II contém uma definição clara de igualdade entre homens e mulheres, bem como um parágrafo que apresenta o nicho e a abordagem de cada sector em matéria de igualdade entre homens e mulheres
Até à data, não existe qualquer mecanismo de acompanhamento da afetação de recursos para a prioridade da igualdade de género	O GEAP II introduz o sistema de marcadores de género, que será posto em prática a partir de janeiro de 2014 e permitirá o acompanhamento dos recursos atribuídos à prioridade igualdade de género
Seria necessário um melhor alinhamento com o sistema das Nações Unidas para fazer avançar a prioridade da igualdade de género	A UNESCO sempre alinhou o seu trabalho em matéria de igualdade de género com o sistema das Nações Unidas. Este facto será reforçado no GEAP II através da integração dos indicadores SWAP das Nações Unidas, com base nos quais todas as agências das Nações Unidas apresentam relatórios

O quadro mostra um processo baseado na "chamada e resposta", ou seja, a informação recolhida a partir das avaliações do plano anterior fornece a "chamada" para as actualizações destinadas a melhorar o plano seguinte. O acompanhamento é a "resposta" a essa "chamada". O programa anterior foi avaliado com a expetativa de que as áreas de preocupação fossem discutidas e modificadas. Foram introduzidas várias alterações proactivas, incluindo um número mais específico e limitado de resultados esperados para o plano de ação seguinte, bem como uma definição clara de igualdade de género para o pessoal e as partes interessadas. O acompanhamento feito em resposta ao *Plano de Ação Prioritário para a Igualdade entre Homens e Mulheres 2008-2013* resultou na elaboração do *Plano de Ação Prioritário para a Igualdade entre Homens e Mulheres 20142021* com as seguintes metas e objectivos.

Metas e objectivos

Os objectivos do *Plano de Ação Prioritário para a Igualdade de Género 2014-2021* no que se refere ao Grande Programa I: Educação são

- Abordar as disparidades persistentes entre homens e mulheres e promover a igualdade de género na educação
    - o Em todo o sistema educativo
    - o Na participação na educação, incluindo o acesso, a promoção de ambientes de aprendizagem seguros e capacitantes
    - o No domínio da educação, incluindo os conteúdos, o contexto e as práticas de ensino e de aprendizagem, os modos de prestação e as avaliações
    - o Através da educação, incluindo os resultados da aprendizagem oportunidades de vida e de trabalho
- Assegurar um entendimento comum do significado da igualdade de género na educação
- Traduzir a compreensão em ação com um forte sentido de compromisso por parte de todo o pessoal da UNESCO, incluindo os quadros superiores
- Prestar atenção à redução das disparidades de género na alfabetização de jovens e adultos no ensino pós-primário em termos de acesso, qualidade e resultados de aprendizagem

- Trabalhar em conjunto com parceiros a nível mundial, regional e nacional para melhorar a compreensão dos vários obstáculos à promoção da igualdade entre homens e mulheres
- Alargar e reforçar as competências e a base de conhecimentos sobre o que funciona e o que não funciona, incluindo os recursos financeiros
- Promover uma abordagem mais holística e intersectorial da educação de qualidade a todos os níveis (Plano de Ação, p. 28-30)

Implementação

De acordo com o *Plano de Ação Prioritário* da UNESCO para *a Igualdade de Género 2014-2021,* "a igualdade de género é fundamental para o trabalho da UNESCO e, por conseguinte, é um pilar da programação e das actividades em todos os Programas Principais. A fim de obter resultados concretos e sustentáveis para a promoção da igualdade de género em todos os seus domínios de competência, a UNESCO utiliza uma abordagem dupla: integração da perspetiva de género em todos os programas e actividades e programação específica para cada género" (p. 15).

Integração da dimensão do género

Desde 2005, a Divisão de Igualdade de Género da UNESCO tem organizado formações sobre a metodologia para a integração da perspetiva de género em todos os principais sectores de programas da UNESCO, incluindo a educação, como parte do seu programa de reforço de capacidades. Embora a sua esperança inicial de que todos os funcionários da UNESCO recebessem formação até 2013 não se tenha concretizado, continuaram a oferecer os seus programas de formação para funcionários e gestores, o que continua a ser um dos pontos focais do *Plano de Ação Prioritário para a Igualdade de Género 2014-2021;* ou seja, a responsabilização dos funcionários da UNESCO para fazer da igualdade de género uma prioridade, independentemente do nível de autoridade. A formação que a Divisão de Igualdade de Género oferece inclui os seguintes objectivos para garantir que as actividades da UNESCO sejam integradas no género tanto quanto possível:

- Todo o pessoal está familiarizado com a metodologia utilizada para a integração da perspetiva de género em toda a Organização
- Apoio contínuo a todos os colegas através de clínicas de igualdade de género, análise de planos de trabalho, contributos para a implementação de programas e listas de verificação de publicações (UNESCO, 2017)

Para além das formações, a Divisão de Igualdade de Género continua a exercer os seguintes mandatos

- **Diálogo e aconselhamento político** - A Divisão presta aconselhamento político aos quadros superiores para garantir que a igualdade de género é uma componente integral de todas as políticas, estratégias e programas da UNESCO. Também fornece aconselhamento de programação a todas as unidades do Secretariado para a implementação do *Plano de Ação Prioritário para a Igualdade de Género. 2014-2021.*
- **Advocacia** - A Divisão é responsável pela sensibilização para a natureza transversal das considerações relativas à igualdade entre homens e mulheres nos domínios social, económico, político, científico, cultural e educativo.
- **Desenvolvimento de capacidades** - A Divisão apoia o desenvolvimento de capacidades na UNESCO e entre os Estados-Membros, desenvolvendo abordagens holísticas e multidisciplinares que contribuam para a realização dos objectivos de desenvolvimento acordados internacionalmente.
- **Investigação** - a Divisão presta aconselhamento político especializado aos Estados-Membros e aos intervenientes relevantes com base em dados concretos e trabalha para reforçar as ligações entre investigação e política.
- **Parcerias e ligações** - A Divisão desenvolve e estabelece parcerias com outros organismos

das Nações Unidas.

- **Acompanhamento e apresentação de relatórios** - A Divisão acompanha e apresenta relatórios sobre o progresso da implementação do *Plano de Ação Prioritário para a Igualdade de Género 2014-2021.*

- **Representação** - A Divisão para a Igualdade de Género da UNESCO representa a Organização em questões relacionadas com o empoderamento das mulheres, os direitos das mulheres e a igualdade de género a todos os níveis (UNESCO, 2017)

Como parte do seu mandato de desenvolvimento de capacidades, a Divisão de Igualdade de Género é também responsável por trabalhar com os Estados-Membros para promover uma programação específica para cada género.

Programação específica em função do género

A programação específica para cada género aborda casos específicos de discriminação e reduz as desigualdades através do apoio a um determinado grupo, o que inclui actividades que se centram na capacitação das mulheres em situações em que estas sofrem formas particulares de desigualdade e discriminação. Os principais programas específicos de género actuais incluem:

- Parcerias globais para a educação de raparigas e mulheres
- Programa "Para as Mulheres na Ciência" da UNESCO-L'Oreal
- As mulheres nos meios de comunicação social (UNESCO, 2017)

Enquanto parte interessada, a Divisão de Igualdade de Género presta um enorme apoio e responsabilidade na implementação desta política. Enquanto o Serviço de Supervisão Interna presta um apoio objetivo na avaliação de programas específicos e, eventualmente, da política na sua totalidade, a Divisão de Igualdade de Género presta um apoio mais subjetivo e depende das ligações estabelecidas com outras partes interessadas.

Passaram três anos desde que o *Plano de Ação Prioritário para a Igualdade de Género 2014-2021* foi iniciado, com muito a desejar no que diz respeito à promoção da igualdade de género. Os resultados que se seguem são uma combinação da recolha de dados e da análise de dados secundários utilizados para ilustrar os progressos realizados até à data.

Resultados

Estrutura de recolha de dados

Para compreender melhor as tendências comuns e as dificuldades relativas à programação internacional orientada para iniciativas de igualdade de género, enviei e-mails a potenciais participantes, incluindo um inquérito com 16 perguntas, que pode ser consultado no Anexo B. Foram feitas três tentativas por correio eletrónico para obter respostas ao inquérito. Inicialmente enviado a cinco pessoas que trabalham para a UNESCO, as perguntas inquiriam sobre os antecedentes dessas pessoas, bem como sobre as suas opiniões relativamente a iniciativas de igualdade de género com base na sua experiência. O inquérito foi depois enviado a mais 21 profissionais com experiência nas Nações Unidas e na UNESCO. Por último, o inquérito foi enviado ao pessoal da ONU Mulheres, uma agência das Nações Unidas. No final, não foram recebidas quaisquer respostas. Como resultado da falta de resposta, foi utilizada a análise de dados secundários para fornecer mais apoio ao *Plano de Ação Prioritário para a Igualdade de Género 2014-2021.*

O primeiro documento analisado foi o *Relatório Final de abril de 2013,* baseado no *Plano de Ação Prioritário para a Igualdade de Género 2008-2013.* Foram incluídas na análise duas tabelas específicas: uma tabela de resultados gerada pelo Serviço de Supervisão Interna que descreve 22 avaliações de programas não específicos de igualdade de género e uma tabela gerada pela Divisão de Igualdade de Género que destaca a sua avaliação dos programas de integração da perspetiva de género.

O *Relatório Anexo,* elaborado pelo Diretor-Geral com a assistência da Divisão de Igualdade de Género, é o segundo documento analisado. Ao contrário do *Relatório Final de abril de 2013,* o *Relatório Anexo* forneceu informações sobre as iniciativas e o apoio em matéria de igualdade de género com base no *Plano de Ação Prioritário para a Igualdade de Género 2014-2021.* O *Relatório Anexo* destacou iniciativas intersectoriais/multisectoriais, actividades interagências e programação conjunta, recursos financeiros e publicações.

Os dados secundários do *Relatório Final de abril de 2013* incluíam uma tabela que ilustrava as avaliações realizadas entre 2008 e 2012 para 22 programas diferentes patrocinados por filiais da UNESCO, mostrando como e em que medida a igualdade de género foi promovida. Cada programa tinha o seu próprio processo de avaliação e era avaliado todos os anos pela equipa de avaliação de cada programa. O Serviço de Supervisão Interna avaliou depois a forma como cada programa foi avaliado, de modo a verificar em que medida a igualdade de género foi promovida organicamente em relação a outras iniciativas globais. Dado que o quadro seguinte apresenta parte da avaliação global das informações utilizadas para o atual *Plano de Ação Prioritário para a Igualdade de Género 2014-2021, uma* análise secundária do quadro é útil para compreender melhor o plano atual e os resultados políticos. Segue-se uma breve análise das conclusões do Serviço de Controlo Interno.

Análise de dados secundários

Entre 2008 e 2012, o Serviço de Controlo Interno encomendou, implementou e publicou um total de 22 avaliações. Cada linha inclui um programa representado diferente, avaliado com base em cinco critérios representados nas colunas. Os critérios são os seguintes:

- Igualdade de género nos termos de referência
- Análise da igualdade de género
- Conclusões sobre a igualdade de género

- Impacto na igualdade de género

- Aspectos processuais da igualdade de género

Dos 22 programas avaliados, nenhum deles tinha um enfoque específico de género e nenhum deles se centrava numa atividade específica de género. As avaliações foram realizadas com o objetivo de verificar até que ponto a igualdade de género já tinha sido incluída como uma iniciativa global. A análise desta tabela não inclui descrições dos 22 títulos de avaliação diferentes, mas sim a forma como se relacionam com as cinco áreas de investigação acima mencionadas. SPO é utilizado como abreviatura de Objectivos Estratégicos do Programa.

Título	Igualdade de género nos termos de referência	Género Igualdade Análise	Igualdade de género Conclusão	Impacto na igualdade de género	Aspectos processuais da igualdade de género
Avaliação do reforço das capacidades para a EPT	NÃO	SIM	SIM	NÃO	SIM
Avaliação da Rede Regional de Desenvolvimento de Liderança Escolar da UNESCO Santiago	NÃO	NÃO	NÃO	NÃO	NÃO
Avaliação do programa de avaliação e acompanhamento da literacia	N/A	NÃO	SIM	NÃO	SIM
Avaliação do Laboratório Latino-Americano de Avaliação de	NÃO	NÃO	NÃO	NÃO	NÃO

Qualidade do ensino					
Avaliação das SPO 1 e 2	SIM	NÃO	NÃO	NÃO	NÃO
Avaliação da aprendizagem e do desenvolvimento	NÃO	NÃO	NÃO	NÃO	NÃO
Avaliação do SPO 6	SIM	SIM	SIM	NÃO	SIM
Avaliação do SPO 4	SIM	SIM	SIM	SIM	SIM
Avaliação de SPO 11	SIM	SIM	SIM	NÃO	SIM
Avaliação de SPO 5	SIM	SIM	SIM	SIM	SIM
Avaliação dos SPO 12 e 13	SIM	SIM	NÃO	NÃO	SIM
Avaliação externa independente da UNESCO	SIM	SIM	SIM	NÃO	SIM
Avaliação do SPO 7	SIM	SIM	SIM	NÃO	SIM
Avaliação dos SPO 9 e 10	SIM	SIM	SIM	SIM	SIM
Revisão de UNESCO Gabinetes de ligação	NÃO	NÃO	NÃO	NÃO	NÃO
Avaliação do Centro Internacional de Física Teórica Abdus Salam	SIM	NÃO	NÃO	NÃO	NÃO

Revisão da cooperação do Secretariado da UNESCO com as Comissões Nacionais para a UNESCO	SIM	SIM	NÃO	NÃO	SIM
Análise do trabalho do Sector da Cultura da UNESCO sobre o diálogo intercultural	NÃO	SIM	SIM	NÃO	SIM
Avaliação dos prémios UNESCO	SIM	NÃO	NÃO	NÃO	NÃO
Revisão do Secretariado da IOCARIBE	NÃO	NÃO	NÃO	NÃO	NÃO
Avaliação da Prioridade África da UNESCO	NÃO	NÃO	NÃO	NÃO	NÃO
Avaliação da fase-piloto do Fundo Internacional para a Diversidade Cultural	NÃO	SIM	SIM	NÃO	SIM

Das 22 avaliações, 11 apresentam uma análise da igualdade de género. Além disso, de acordo com Kim Forss, co-redatora do *Relatório Final de abril de 2013:*

> Das 11, a maioria inclui uma secção com "Igualdade de Género" no título e, na maioria das vezes, esse capítulo segue imediatamente uma secção sobre a Prioridade Global. Em nenhum caso as avaliações se fundem numa análise das duas prioridades estratégicas. Os relatórios de avaliação variam entre relatórios curtos de 30 páginas e relatórios longos de 60-70 páginas. O número de páginas dedicadas à análise dos progressos realizados em matéria de igualdade entre homens e mulheres raramente ultrapassa as duas páginas. Na

maior parte das vezes, o assunto é tratado numa página (se é que é tratado). Em termos quantitativos, a análise da igualdade de género recebe cerca de 3% da atenção no texto dos relatórios em que é solicitada (Forss, 2013, p. 16-17).

Forss também observou que estas avaliações ilustravam resultados desorganizados e uma influência muito pequena da igualdade de género nos programas e actividades globais. Nenhum dos 22 programas avaliados incluía os cinco critérios de igualdade de género.

No quadro das percentagens, cerca de 55% das avaliações mencionaram a igualdade de género. Cinquenta por cento incluíram conclusões sobre a igualdade de género. Cerca de 14% discutiram o impacto da igualdade de género e 55% das avaliações discutiram os aspectos do seu processo de promoção da igualdade de género. Consequentemente, muitas destas avaliações forneceram informações que mostram que a igualdade de género foi abordada, mas não foi analisada ou discutida em maior profundidade. No entanto, este quadro e o *Relatório Final de abril de 2013, no seu conjunto,* forneceram à UNESCO uma base de referência. Isso, juntamente com a avaliação adicional executada no final de 2013, levou a UNESCO a discutir, atualizar e promover o *Plano de Ação Prioritário para a Igualdade de Género 2014-2021* com objectivos que ultrapassariam os do plano anterior.

Tal como já foi referido, o *Plano de Ação Prioritário para a Igualdade de Género 20142021* segue uma abordagem dupla, centrada tanto na integração da perspetiva de género como na programação específica de género. Uma vez que o plano atual é o resultado do anterior, tanto a integração da perspetiva de género como a programação específica de género foram analisadas pela Divisão de Igualdade de Género para o *Relatório Final de abril de 2013*. Como parte do relatório, a Divisão de Igualdade de Género seleccionou oito intervenções específicas de género e utilizou esses estudos de caso para analisar a sua implementação e resultados no que diz respeito à eficácia da integração da perspetiva de género. Segue-se uma lista dos títulos dos estudos de caso:

1. Abordar o bullying homofóbico e a violência baseada no género no contexto escolar na

América Central e nas Caraíbas

2. Acelerar os progressos no sentido de aumentar os programas de alfabetização e de educação não formal sensíveis às questões de género e de qualidade

3. Reforçar a igualdade de género e o empoderamento das mulheres nos e através dos meios de comunicação social

4. Apoio a redes de mulheres engenheiras e cientistas em África

5. Reforçar a integração da perspetiva de género nos cursos de Ciências e Engenharia para aumentar a participação de estudantes do sexo feminino na Nigéria

6. Relatório da UNESCO sobre Género e Cultura

7. UBRAF "Reforço da educação sexual abrangente, sensível às questões de género e baseada nos direitos, na China, através da revisão dos currículos, da formação de educadores e de actividades de sensibilização para populações-chave jovens"

8. Programa conjunto: Empoderamento das mulheres e igualdade de género

Após a análise da descrição, do orçamento, dos parceiros, da relevância e dos resultados de cada estudo de caso, a informação foi compilada na tabela seguinte pela equipa de Igualdade de Género

Divisão. Cada linha constitui uma área de concentração diferente, incluindo uma secção para comentários.

Elemento	Comentário

Identificação de lacunas	Grandes diferenças entre sectores e áreas programáticas dentro dos sectores, algumas boas práticas, como por exemplo os indicadores de género nas actividades dos sectores da Educação e da Comunicação e Informação.
Sensibilização	A consciencialização é geralmente elevada, mas nem sempre assente numa análise substantiva das lacunas de GE. Foram envidados esforços significativos para aumentar a sensibilização através do reforço das capacidades da Organização.
Apoio à construção	As parcerias existem frequentemente, mas muitas intervenções centram-se num pequeno número de parceiros e não na criação de redes.
Desenvolvimento de estratégias	A C/4, a C/5 e o GEAP fornecem o quadro estratégico, mas é necessário coordenar e alinhar estes documentos, bem como torná-los mais coerentes e direccionados.
Recursos adequados	É impossível determinar os recursos globais afectados à prioridade "igualdade entre homens e mulheres", mas parecem ser bastante reduzidos.
Controlo da execução	Os progressos neste domínio são limitados, uma vez que os resultados do PAG não estão frequentemente ligados aos resultados esperados da C/5, que são os que estão a ser acompanhados e objeto de relatórios.
Responsabilidade	Não desenvolvido e pressupõe informações sobre os resultados e os processos que conduzem aos resultados

Os resultados das avaliações dos estudos de caso são semelhantes aos das 22 avaliações efectuadas pelo Serviço de Controlo Interno. Os comentários feitos aos critérios dos estudos de caso sublinham algumas perspectivas positivas, tais como a sensibilização para a igualdade entre homens e mulheres e as parcerias existentes para a criação de apoio. No entanto, há igual representação de resultados mais negativos, como a responsabilização obsoleta e o potencial das parcerias para perderem sustentabilidade, uma vez que a criação de redes continua a ser uma prioridade baixa. Enquanto um quadro avaliava programas que não eram específicos da igualdade de género, o outro quadro avaliava programas que eram específicos da igualdade de género e ambos pareciam manter muitos dos mesmos problemas. Ambos pareciam apresentar uma taxa de sucesso de nível médio e tinham componentes desorganizados.

O relatório anexo

A 38th sessão da conferência geral deu origem a um relatório autónomo denominado *Relatório Anexo,* elaborado em coordenação com o Diretor-Geral e a Divisão de Igualdade de Género. No relatório, foram destacadas as acções dos últimos três anos que promoveram a integração da perspetiva de género. Mais especificamente, centrou-se nos cinco grandes programas abordados no *Plano de Ação Prioritário para a Igualdade de Género 2014-2021.* Como mencionado anteriormente, o relatório foi dividido em quatro iniciativas diferentes que ilustraram o impacto que o *Plano de Ação Prioritário para a Igualdade de Género 2014-2021* já teve, especificamente na educação. Em resposta às lições aprendidas em relação ao *Plano de Ação Prioritário para a Igualdade de Género 2008-2013* anteriormente discutido, todas as quatro iniciativas mencionadas abaixo estão em conjunto com os 23 resultados esperados do *Plano de Ação Prioritário para a Igualdade de Género 2014-2021* para a promoção da igualdade de género.

Iniciativas intersectoriais/multisectoriais

Ao apoiar os resultados esperados do *Plano de Ação Prioritário para a Igualdade de Género 2014-2021,* o Diretor-Geral destacou uma série de iniciativas intersectoriais, incluindo os três programas seguintes no *Relatório Anexo.* Através da Iniciativa de Educação para o Desenvolvimento Sustentável no Vietname, o país tem trabalhado para integrar a sensibilidade e a capacidade de resposta às questões de género na análise, no planeamento e na gestão. O programa "Colmatar as lacunas de aprendizagem dos jovens na Síria" centra-se na aprendizagem pós-primária dos jovens sírios e dos jovens vulneráveis das comunidades de acolhimento. Este programa em particular tem sido uma resposta educativa da UNESCO à crise na Síria e estabeleceu parcerias com países vizinhos, como a Jordânia e o Líbano, para acolher este programa para os seus refugiados sírios (UNESCO, 2017). O terceiro programa destacado foi um seminário conduzido pela UNESCO Beirute. Os participantes no seminário incluíram 40 professores de 16 universidades dos Estados Árabes que receberam formação para ministrar cursos sobre Competências de Diálogo Intercultural. O programa ministrado pela UNESCO Beirute também discutiu a importância da igualdade de género na educação e no sector do trabalho. Através do seminário, foi implementado um curso "até agora em quatro universidades do Líbano, sendo que 60% dos 200 estudantes são do sexo feminino" (2015, p. 2).

Actividades inter-agências e programação conjunta

Principalmente em 2015, pelo menos 12 agências diferentes juntaram-se e promoveram programas nas áreas da educação para raparigas adolescentes e mulheres jovens, empoderamento feminino, Semana da Aprendizagem Móvel, Dia Internacional da Mulher, igualdade de género, oportunidades de aprendizagem e estratégias de aprendizagem flexíveis para crianças e jovens que não frequentam a escola. Para uma lista completa das actividades inter-agências e da programação conjunta, consultar o Anexo C.

Recursos financeiros

O apoio financeiro constituiu uma terceira iniciativa destacada no *relatório anexo.* O relatório apresentava uma lista dos recursos financeiros atribuídos a iniciativas de igualdade de género nos últimos anos, com alguns fundos pendentes de libertação, uma vez que os programas associados aos fundos ainda estavam a ser estruturados. O Fundo Malala, a Secção para a Juventude, Alfabetização e Desenvolvimento de Competências da Divisão de Políticas e Sistemas de Aprendizagem ao Longo da Vida, a UNESCO Hanói, o Instituto de Política Económica Internacional e a Liga Interescolar Universitária são apenas alguns dos grupos que prestaram apoio financeiro a pelo menos 12 programas diferentes. A lista representa bem a importância do apoio financeiro para a promoção da igualdade de género. Para obter uma lista completa, consulte o Anexo D.

Publicações

Como quarta iniciativa mencionada no *Relatório Anexo,* as publicações sobre igualdade de género foram ilustradas como uma ferramenta para promover a programação da igualdade de género, bem como para iniciar e continuar o diálogo sobre a igualdade de género como uma iniciativa global. O *Relatório Anexo* enumerou publicações datadas entre 2013 e 2015 de grupos como a Secção de Juventude, Alfabetização e Desenvolvimento de Competências da Divisão de Políticas e Sistemas de Aprendizagem ao Longo da Vida, a UNESCO de Banguecoque, a UNESCO de Beirute, a UNESCO de Hanói, o Instituto de Política Económica Internacional e a Liga Interescolar Universitária. Como resultado, todas estas entidades forneceram 52 publicações que promovem a igualdade de género na educação, incluindo nove artigos de revistas, 28 estudos de caso, dois pacotes de enquadramento e recursos e um manual. A lista completa das publicações pode ser consultada no Anexo E.

A informação recolhida pelo *Relatório Final de abril de 2013* e pelo *Relatório Anexo* proporcionou uma representação completa do passado e do presente, ou seja, ambos os documentos fornecem provas do estado da igualdade de género durante as políticas em que foram construídos. A informação comparativa e contrastante contribui para a análise global do *Plano de Ação Prioritário para a Igualdade de Género 2014-2021.*

Capítulo 3

Análise da política

A análise de dados secundários do *Relatório Final de abril de 2013* e do *Relatório Anexo* demonstra uma clara evolução do *Plano de Ação Prioritário para a Igualdade de Género 2008-2013* para o atual *Plano de Ação Prioritário para a Igualdade de Género 2014-2021.* As avaliações que foram executadas durante o plano anterior ilustraram uma série de desafios, incluindo os seguintes:

- Responsabilização - Embora fosse evidente que o pessoal da UNESCO e as partes interessadas estavam a promover a igualdade de género e a educar os outros através das formações sobre a integração da perspetiva de género que recebiam da Divisão de Igualdade de Género, era claro que nem todos sentiam a responsabilidade de agendar formações, uma vez que outros eventos pareciam ter precedência. Como resultado, nem todo o pessoal da UNESCO recebeu formação em integração da perspetiva de género.

- Organização - Este desafio sobrepõe-se em parte à responsabilização. Não parecia existir uma estrutura clara em relação à responsabilidade (a direção deve ser responsável por garantir que o pessoal promove as iniciativas e participa nas formações? A direção também vai às formações?) ou aos processos de avaliação (os programas tinham as suas próprias equipas de avaliação, mas cada equipa de programa avaliava de forma diferente).

O *Relatório Anexo, por* outro lado, ilustrou uma abundância de programas, fontes de financiamento e publicações que geraram uma iniciativa global aparentemente composta que promoveu a igualdade de género a uma taxa mais elevada. Isto não quer dizer que a política atual não tenha também desafios. De acordo com o *Relatório Anexo,* os desafios incluem:

- Alfabetização - uma vez que as actividades relacionadas com a alfabetização de jovens e adultos exigem geralmente abordagens sensíveis ao género e ao desenvolvimento específicas do contexto, as actividades tendem a funcionar num país com uma exposição limitada às actividades fora do país, o que se revela difícil se as pessoas estiverem a ensinar e a promover abordagens e actividades que podem funcionar na Alemanha, mas não nas zonas rurais do Uganda, com base no contexto cultural.
- Educação sexual - Este tema e iniciativa delicados envolvem o apoio e a participação de várias partes interessadas dos sectores da educação e da saúde, bem como dos jovens, dos pais e da comunidade em geral. No entanto, pode ser difícil obter apoio para uma iniciativa que as pessoas de alguns países e culturas consideram tabu ou mesmo ofensiva.
- Terminologia - A diferença entre "género" e "sexo", bem como entre "igualdade" e "equidade", tem sido um desafio, uma vez que muitos materiais provêm de outras entidades da UNESCO e trocam frequentemente estes termos. Quando estes materiais são utilizados, podem transmitir mensagens confusas aos clientes e parceiros.

De acordo com a informação recolhida até agora e apesar dos desafios que surgiram, a política está a promover a igualdade de género à escala global e está a chegar a populações em áreas de crise, bem como em áreas de privilégio. No que diz respeito à educação, muitos dos objectivos foram atingidos em relação aos numerosos programas educativos que foram implementados nos últimos anos, como se pode ver nos Apêndices C e D.

Esta análise global mantém um realismo otimista, na medida em que a política em análise é um plano de ação que só estará totalmente concluído daqui a quatro anos. Além disso, devido à falta de respostas ao inquérito, não é claro se a análise global teria chegado a uma conclusão diferente. No entanto, com base nos dados disponíveis, o *Plano de Ação Prioritário para a Igualdade de Género 2014-2021* parece ser eficaz enquanto política.

Recomendações

Uma vez que o *Plano de Ação Prioritário para a Igualdade de Género 2014-2021* é o segundo plano de ação iniciado pela UNESCO, é importante concentrar-se nas melhorias que podem ser feitas para representar melhor os objectivos do plano de ação no futuro. Embora a política pareça estar a funcionar, há áreas que podem ser melhoradas.

A primeira recomendação consiste em criar uma pequena equipa na Divisão de Igualdade de Género, cujo único objetivo é racionalizar a promoção dos programas, bem como os procedimentos de avaliação através de um processo estrutural uniforme. Ao manter a mesma estrutura para todos os programas, o Serviço de Supervisão Interna poderá receber dados mais organizados quando efetuar as suas avaliações globais. Uma melhor estrutura pode revelar melhor as áreas de preocupação, caso existam, o que pode fornecer dados para futuros planos de ação.

Uma segunda recomendação é que se dê mais atenção à violência sexual como um obstáculo para as mulheres em relação à educação. Embora seja um tema sensível, só pode piorar se o assunto não for totalmente abordado, incluindo as implicações físicas e psicológicas que podem seguir-se à agressão sexual.

Enquanto pesquisava para esta análise política, li uma série de artigos sobre a violência sexual e de género. Josephine Monger, monitora de campo voluntária nacional da ONU no Programa das Nações Unidas para o Desenvolvimento (PNUD) na Libéria, explica: "Apesar de muitos êxitos na capacitação das mulheres, persistem numerosos problemas em todas as áreas da vida... A violência sexual e a violência baseada no género estão a aumentar sob diversas formas na Libéria. Embora possa haver uma diminuição em alguns casos de violência doméstica física, continuam a ocorrer abusos físicos e emocionais" (Monger, 2017). Ao ler o artigo de Monger, continuei a contemplar as implicações psicológicas da violência sexual e baseada no género e como, tal como o tópico acima mencionado, as questões psicológicas podem parecer igualmente sensíveis ou tabu em certos países e culturas. Relativamente à educação, estes obstáculos podem levar a gravidezes indesejadas, doenças e ridicularização que resultam no abandono escolar das mulheres ou, no mínimo, proporcionam um ambiente em que é difícil concentrarmo-nos nos estudos. Embora este tópico não esteja especificamente relacionado com a política analisada neste trabalho de fim de curso, produz uma ideia para mais investigação na área da educação, que espero continuar a investigar num futuro próximo

Conclusão

Concentrando-se nas acções de fornecimento de iniciativas de programação a países, territórios e organizações globais, é justo dizer que esta política revela um grande mérito.

Os objectivos e a abordagem utilizados para este Plano de Ação têm o potencial de promover uma mudança positiva contínua no mundo. Com base nos dados analisados dos primeiros três anos do *Plano de Ação Prioritário para a Igualdade de Género 2014-2021,* é evidente que muito foi feito na promoção da igualdade de género ao abrigo desta política. O seguinte é um exemplo dessa evidência:

- Numerosas iniciativas de programação conjunta têm trabalhado para defender a capacitação das raparigas adolescentes através do aproveitamento da tecnologia, centrando-se na alfabetização e prestando apoio às crianças que frequentam e abandonam a escola.

- No âmbito do Fundo Malala, da Secção para a Juventude, Alfabetização e Desenvolvimento de Competências da Divisão de Políticas e Sistemas de Aprendizagem ao Longo da Vida, da UNESCO Hanói, do Instituto de Política Económica Internacional e da Liga Interescolar Universitária, foram atribuídos cerca de 1 900 000 dólares a 12 programas representados em 4 continentes por 10 países, incluindo a Argentina, Tanzânia, Indonésia, Filipinas, Timor-Leste, Quénia, Vietname, Bangladesh, Moçambique e Nepal, bem como a iniciativas de vários países.

- Foram divulgadas 52 publicações a nível nacional sobre a capacitação de programas de alfabetização para rapazes e raparigas, desenvolvimento de currículos e competências, indicadores sensíveis ao género para os meios de comunicação social, disparidade de género e mulheres nas áreas STEM (Ciência, Tecnologia, Engenharia e Matemática), para citar algumas.

O "género" tem sido um tema de discussão desde os anos 50 em termos de definição, o que proporcionou uma base para a promoção da igualdade de género. Desde 2008, a UNESCO tem gerado e promovido planos de ação com o objetivo de implementar a consciência global da igualdade de género como uma importante iniciativa global. A investigação demonstra que, quando homens e mulheres, rapazes e raparigas são tratados de forma igual e têm as mesmas oportunidades no domínio da educação, os países prosperam económica e socialmente. Ao implementar o *Plano de Ação Prioritário para a Igualdade de Género 2014-2021* com base na avaliação do *Plano de Ação Prioritário para a Igualdade de Género 2008-2013,* a UNESCO ilustrou nos seus objectivos a importância de educar ambos os géneros sobre as suas semelhanças e não sobre as suas diferenças desde uma idade precoce, a fim de manter a programação da igualdade de género como uma iniciativa global sustentável. Resta esperar que, com a continuação do *Plano de Ação Prioritário para a Igualdade de Género 2014-2021* e de quaisquer planos futuros, continue a haver um crescimento nas iniciativas globais de igualdade de género através da promoção da literacia entre homens e mulheres como base para o desenvolvimento sustentável, da educação sexual e da retenção no ensino primário e secundário.

Bibliografia

Ajasa, F. A., & Salako, A. A. (2015). Igualdade de género na educação e empoderamento das mulheres como determinantes da transformação nacional: Implicação para o Desenvolvimento Curricular. *IFE Psychologia, 23(1),* 150-156.

Chant, S. (2016). Mulheres, raparigas e pobreza mundial: Empowerment, Equality or Essentialism? *International Development Planning Review, 3S*(1), 1-24.

Cornwall, A., & Rivas, A. (2015). Da 'Igualdade de Género e do 'Empoderamento das Mulheres' à Justiça Global: Reclaiming a Transformative Agenda for Gender and Development. *Third World Quarterly, 36*(2), 396.

Forss, K. (2013). Revisão da Prioridade da UNESCO para a Igualdade de Género. *Relatório final,* 1, 2627.

Relatório da Conferência Geral, (2015). Relatório do Diretor-Geral sobre as acções da UNESCO para promover o empoderamento das mulheres e a igualdade de género. Retrieved from http://www.unesco.org/new/fileadmin/MULTIMEDIA/HQ/BSP/GENDER/PDF/ Gen Conf Report 2015 Annex 17 07 2015.pdf.

Organização Internacional do Trabalho. (2017). Como funciona a OIT. Recuperado de http://www.ilo.org/global/about-the-ilo/how-the-ilo-works/lang--en/index.htm.

Organização Internacional do Trabalho, (2017). Ferramenta para a igualdade de género. Recuperado de http://www.ilo.org/public/english/bureau/gender/newsite2002/about/defin.htm.

Revista Impact, (2017). *Plano de Ação Prioritário da UNESCO para a Igualdade de Género,* 37-38.

Obtido em https://impact.pub/wp- content/uploads/2016/05/UNESCO GEAP II-IMPACT

MAGAZINE P37- 38.pdf.

Karam, A. (2013). Education as the Pathway towards Gender Equality [A educação como caminho para a igualdade de género]. *UN Chronicle, 50(4),* 31.

McCleary-Sills, J., Hanmer, L., Parsons, J., & Klugman, J. (2015). Child Marriage: A Critical Barrier to Girls' Schooling and Gender Equality in Education [Uma Barreira Crítica à Escolarização das Raparigas e à Igualdade de Género na Educação]. *Review of Faith & International Affairs, 13(3),* 69-80.

Medel-Anonuevo, C., & Bernhardt, A. (2011). Sustentar a Advocacia e a Ação sobre a Participação das Mulheres e a Igualdade de Género na Educação de Adultos. *International Review Of Education / Internationale Zeitschrift Fur Erziehungswissenschaft, 57*(1/2), 57-68.

Smith, L. (2017, março). Dia Internacional da Mulher: Dez factos, números e estatísticas sobre os direitos das mulheres. *International Business Times.* Recuperado de http://www.ibtimes.co.uk/international-womens-day-2016-ten-facts-figures- statistics-about-womens-rights-1548083.

Szto, C. (2015). Servir a mudança? A integração da perspetiva de género e a parceria UNESCO-WTA para a igualdade global de género. *Desporto na Sociedade, 18(8),* 895.

Thomas, W., & Ben, W. (2015). Homens e Masculinidades no Desenvolvimento Internacional: 'Men-Streaming' Género e Desenvolvimento? *Development Policy Review,* (1),

1 5.

Centro da UNESCO para a Paz, Secção do Estado de Nova Iorque, (2015). A UNESCO promove a igualdade de género. Retrieved from http://unescocenterforpeacenys.org/2015/11/unesco-promotes-gender-equality/.

Organização das Nações Unidas para a Educação, a Ciência e a Cultura. (2017). Gabinete de Planeamento Estratégico: Estratégia a Médio Prazo. Obtido em http://www.unesco.org/new/en/bureau-of-strategic-planning/resources/medium- term-strategy-c4/.

Organização das Nações Unidas para a Educação, a Ciência e a Cultura. (2017). Divisão GE: Tornar a igualdade de género uma realidade através do trabalho da UNESCO. Recuperado de http://www.unesco.org/new/en/unesco/themes/gender-equality/division/.

Organização das Nações Unidas para a Educação, a Ciência e a Cultura. (2017). Órgãos de Direção da UNESCO. Obtido em http://www.unesco.org/new/en/unesco/about- us/who-we-are/governing-bodies/.

Organização das Nações Unidas para a Educação, a Ciência e a Cultura. (2017). Educação das mulheres e das raparigas. Retrieved from http://en.unesco.org/themes/women-s-and-girls-education.

Apêndices

Apêndice A

Formulário de consentimento do participante para o estudo de investigação:

O impacto global da programação da igualdade de género:

Plano de Ação Prioritário da UNESCO para a

Educação 2014-2021

Caro participante,

Está a ser convidado a participar num estudo de investigação sobre a igualdade de género na educação internacional, especificamente no que se refere aos resultados obtidos através da implementação do Plano de Ação Prioritário da UNESCO 2014-2021. Este estudo está a ser conduzido por Sarah Nagel, do Programa de Mestrado em Educação Internacional do Instituto de Pós-Graduação da School for International Training (SIT) em Brattleboro, Vermont. O meu objetivo, enquanto investigadora, é utilizar os dados recolhidos neste estudo como forma de avaliar o impacto global dos programas internacionais da UNESCO sobre a igualdade de género na educação e compreender melhor se o impacto pode ser sustentável.

É elegível para participar neste estudo porque foi identificado como funcionário público da UNESCO. O processo é simples e requer apenas que esteja disposto(a) a disponibilizar o seu tempo para responder a perguntas relativas à sua experiência na UNESCO e aos seus conhecimentos sobre a programação da igualdade de género enquanto profissional da Educação Internacional. Será apresentada uma lista de 16 perguntas, cuja resposta deverá demorar entre 30 a 45 minutos, consoante a extensão das suas respostas. As perguntas serão apresentadas em formato de inquérito e enviadas por correio eletrónico. No entanto, pode optar por uma entrevista telefónica. Se a entrevista telefónica for mais conveniente para si, especifique no final deste formulário os seus dados de contacto.

A sua participação é totalmente voluntária e tem o direito de recusar a participação. Se, em qualquer altura do processo, decidir retirar a sua participação, as suas informações serão consideradas não publicáveis e serão retiradas da investigação.

Ao abrir a ligação para o inquérito e ao preenchê-lo, está a reconhecer a sua vontade de participar num estudo sobre o impacto global da programação da igualdade de género na educação através da UNESCO.

Se tiver quaisquer questões ou dúvidas relativamente a este estudo, queira contactar Sora Friedman, doutorada, Professora e Presidente do Departamento de Educação Internacional do SIT, pelo telefone 802 258-3569 ou por correio eletrónico: sora.friedman@sit.edu. Pode também contactar o SIT Institutional Review Board por correio eletrónico: irb@sit.edu.

Participante: ______________________

Assinatura do participante:______________________

Assinatura do investigador: _________________________________

Informações de contacto para a entrevista (facultativo)

Apêndice B

Perguntas do inquérito

Perguntas do inquérito qualitativo para o pessoal da UNESCO

1. Qual é o seu país de origem?

2. Qual é o seu género?

3. Qual é a sua formação académica e o grau mais elevado?

4. Há quanto tempo trabalha para a UNESCO?

5. Em que gabinete da UNESCO trabalha?

6. Que cargos desempenhou anteriormente fora da UNESCO?

7. Que cargos ocupou na UNESCO, incluindo o seu cargo atual?

8. Com base em qualquer experiência anterior, quais são, na sua opinião, os critérios para um programa educativo sustentável que promova a igualdade de género?

9. Com base em qualquer experiência anterior, como é que a cultura desempenha um papel na promoção ou limitação da igualdade de género?

10. Com base em alguma ou todas as experiências anteriores, onde é mais difícil defender a igualdade de género em termos de localização geográfica?

11. Com base em qualquer experiência anterior, onde se verificou, se é que houve, resistência à igualdade de género em comunidades onde a média de idade dos membros da comunidade é superior a 50 anos.

12. Que provas viu, se é que viu alguma, de uma maior desigualdade de género na educação em comunidades que falam tanto línguas indígenas como línguas principais?

13. Como é que as infra-estruturas podem desempenhar um papel, se é que desempenham algum, na desigualdade entre homens e mulheres em matéria de educação?

14. Uma vez que os dados da UNESCO revelaram um aumento das percentagens de matrículas de mulheres no ensino primário e secundário nas últimas décadas, que factores serão considerados para manter um aumento contínuo das matrículas? Que factores adicionais, caso existam, deverão ser considerados para aumentar o número de matrículas a nível universitário?

15. Por favor, inclua, se necessário, comentários ou reflexões adicionais que gostaria de mencionar relativamente à sua experiência com a igualdade de género na educação.

16. O seu nome permanecerá confidencial, no entanto, a partilha do seu cargo pode ser útil para os leitores contextualizarem os seus comentários. Não se importa que eu inclua o seu cargo no meu trabalho de conclusão de curso?

Apêndice C

Actividades Inter-Agências e Programação Conjunta

Major Programme I: Education

Annex Report

Foi desenvolvido um programa conjunto com a ONU Mulheres e o FNUAP, e em parceria com o Banco Mundial, sobre a capacitação de raparigas adolescentes e mulheres jovens através da educação. O programa conjunto foi oficialmente anunciado pelo Diretor-Geral em março de 2015, por ocasião da CSW. A UNESCO co-organizou com a ONU Mulheres e o FNUAP um evento paralelo para defender o empoderamento das raparigas adolescentes através da educação durante a 59ª sessão da CSW (março de 2015).

Foi também iniciada uma importante iniciativa de colaboração com a ONU Mulheres, que se reflectiu na co-organização da Semana da Aprendizagem Móvel 2015 "Tirar partido da tecnologia para capacitar as mulheres e as raparigas", durante a qual a alfabetização foi um dos temas principais.

No âmbito da implementação do Programa para a Igualdade de Género e a Educação das Raparigas no Vietname, o Ministério da Educação e Formação e a UNESCO estão a receber apoio da ONU Mulheres, do FNUAP e do PNUD através da partilha de materiais existentes, recursos de formação e inquéritos.

A UNESCO Banguecoque trabalhou com a UNICEF para proporcionar oportunidades de aprendizagem significativas para crianças e jovens fora da escola e organizou a Reunião Regional de Consulta sobre Estratégias de Aprendizagem Flexíveis para Crianças Fora da Escola.

A UNESCO participou ativamente nas actividades da UNGEI a nível mundial e regional e continua a fazer parte do Comité Consultivo Mundial, bem como do Comité Diretor.

A UNESCO Banguecoque tem vindo a celebrar anualmente o Dia Internacional da Mulher sob a forma de actividades em linha e fora de linha, como a projeção do filme "Girl Rising" com o apoio da INTEL, exposições em eventos de alto nível da UNESCAP e uma campanha em linha com a duração de uma semana, com a publicação de uma série de artigos para promover a igualdade de género no sítio Web da UNESCO.

Recursos financeiros 2013-2017

Grande Programa I: Educação

Relatório anexo

No âmbito do **Fundo Malala** (conta especial), foram iniciados os seguintes projectos:

- Título: **Melhorar o desempenho e a retenção das raparigas adolescentes no ensino secundário normal na Tanzânia**

  Período de execução: 36 meses a partir de 2015

  País em causa: Tanzânia

  Montante aprovado: US$ 222.000

  Doador: EXB (Fundo Malala - Conta Especial e UNFCU)

- Título: **Capacitação das raparigas e mulheres adolescentes: Promover a educação equitativa, a literacia e a aprendizagem ao longo da vida**

  Período de execução: 36 meses a partir de 2015 País em causa: Nepal

Montante aprovado: US$ 272.727

Doador: EXB (Fundo Malala - Conta especial)

- Título: **Abordagem integrada da alfabetização e da educação de adultos para capacitar as mulheres jovens e as suas famílias através da aprendizagem em comunidades rurais e peri-urbanas em Moçambique**

  Período de execução: 36 meses a partir de 2015

  País em causa: Moçambique Montante aprovado: US$68,999 Doador: EXB (Fundo Malala - Conta Especial)

No âmbito da **Secção de Juventude, Alfabetização e Desenvolvimento de Competências da Divisão de Políticas e Sistemas de Aprendizagem ao Longo da Vida**:

- Título: **Conferência Internacional sobre Alfabetização e Educação de Raparigas e Mulheres: "Foundations for Sustainable Development" (Daca, 8 de setembro de 2014) realizada por ocasião do Dia Internacional da Alfabetização em apoio ao GEFI**

  Período de aplicação: 8 de setembro de 2014

  País em causa: Bangladesh e PMD convidados Montante aprovado: cerca de 40 000 USD Doador: Coorganizado com o Governo do Bangladesh

No âmbito **da UNESCO Hanói**:

- Título: **Uma exposição juvenil sobre sexualidade para um estilo de vida saudável**

  Período de execução: 2013-2015

  País em causa: Vietname

  Montante aprovado: US$ 92.690

Doador: UBRAF

- Título: **Estudo sobre a violência de género no meio escolar**

  Período de aplicação: 2015

  País em causa: Vietname

  Montante aprovado: US$ 40.000

  Doador: holandês

- Título: **Igualdade de género e educação das raparigas no Vietname: Capacitar as raparigas e as mulheres para uma sociedade mais igualitária**

  Período de aplicação: 2015-2017

  País em causa: Vietname

  Montante aprovado: US$ 1.000.000

  Doador: Sector privado (CJ/ANA/outros) através do Fundo Malala

Sob a égide do **Instituto de Política Económica Internacional**:

- Título: **Integração da dimensão do género**

  Atividade: Integração da perspetiva de género nos materiais de formação do IIEP

  Período de execução: 2014-2015

  País em causa: Mundial

  Montante aprovado: US$ 5.000

  Doador: Programa regular do IIEP Orçamento

- Título: **Uma questão de direito e razão**

Atividade: Investigação sobre a liderança das mulheres

Período de execução: 2012-2015

País em causa: Quénia e Argentina

Montante aprovado pelo doador: US$ 25.000

Doador: Fundos de Emergência da UNESCO

- Título: **Histórias por detrás das diferenças de género nos resultados dos alunos**

Atividade: Estudo-piloto no Quénia

Período de execução: 2012-2015

País em causa: Quénia

Montante aprovado pelo doador:

o Fundos de Emergência da UNESCO 22.326 USD

o UNICEF-ESARO: US$ 25.592 (custos locais, não através do IIEP)

o Programa regular do IIPE: US$ 12.000

Doadores: UNICEF-ESARO, fundos de emergência e orçamento do programa regular do IIEP

- Título: **Revisões rigorosas da literatura - Educação**

Atividade: Intervenções para melhorar a educação das raparigas e a igualdade de género: Uma revisão rigorosa da literatura

Período de aplicação: 2013-2014

País em causa: Mundial

Montante aprovado: US$ 14.000

Doador: DFID

No âmbito da **Liga Interescolar Universitária**: Principal fonte de financiamento das actividades ER1/PR2 no Programa CapEFA: Segue-se um exemplo de uma iniciativa específica de género da UIL em 2015:

- Título: **Vida e trabalho das mulheres jovens: participação na aprendizagem ao longo da vida** Atividade: investigação-ação conduzida por jovens para compreender a situação das mulheres jovens marginalizadas, as suas necessidades educativas e aspirações na vida. Tem componentes de reforço de capacidades e de sensibilização.

  Período de aplicação: 2015

  Países em causa: Indonésia, Filipinas e Timor-Leste Montante aprovado: 22 000 euros

  Doador: Contribuições voluntárias dos Estados-Membros para o UIL

Apêndice E

Publicações Programa

principal 1: Educação

Relatório anexo

Secção de Juventude, Alfabetização e Desenvolvimento de Competências da Divisão de Políticas e Sistemas de Aprendizagem ao Longo da Vida

- "Deixadas para trás: Educação das Raparigas em África" UIS

- "Programas de literacia para o desenvolvimento sustentável e o empoderamento das mulheres" por Anna Robinson-Pant (2014) UIL

- "Programas de alfabetização centrados nas mulheres para reduzir a disparidade de género: estudos de caso da base de dados da UNESCO sobre alfabetização eficaz e numerosas práticas (LitBase) (2014) UIL

- Um resumo de política sobre "Capacitar os programas de literacia para as mulheres" (2014)

UIL

UNESCO Banguecoque

- A UNESCO Bangkok produziu dois estudos de investigação regionais que analisam questões de género, resultados de aprendizagem e mercado de trabalho. Em 2014, o primeiro estudo, intitulado *Gender,Jobs and Education: Prospects and Realities in the Asia-Pacific (Perspetivas e Realidades na Ásia-Pacífico)*, enquanto a publicação deste ano foi intitulada *A Complex Formula: Raparigas e mulheres na ciência, tecnologia, engenharia e matemática na Ásia*

UNESCO Beirute

Em vias de ser finalizado em 2015:

- Brochura sobre aprendizagem, currículo e desenvolvimento de competências na região árabe; e

- Quadro de Política Regional para Professores e Pacote de Recursos;

- Quadro de Política Regional de HED e Pacote de Recursos;

- Manual da Abordagem à Escola Inteira

Atualmente a preparar:

- Versão árabe do Guia da UNESCO para a Igualdade de Género nas Políticas e Práticas de Formação de Professores (2015).

UNESCO Hanói

- Indicadores sensíveis ao género para os meios de comunicação social do Vietname, publicados pelo MIC

Instituto de Política Económica Internacional

- Bird, L. (2015). **Uma questão de direito e razão: A igualdade de género no planeamento e na gestão da educação.** Paris: UNESCO-IIEP.

- Saito, M. (2013). ***Violência nas escolas primárias da África Austral e Oriental: Some Evidence from SACMEQ.*** Contribuição da Série Género #1. Paris: SACMEQ

- Saito, M. (2013). *Manuais de formação para Histórias por detrás das diferenças nos resultados dos alunos (4 volumes).* Programa do IIPE sobre Igualdade de Género na Educação. Paris IIEP.

- Unterhalter, E., North, A., Arnot, M., Lloyd, C., Moletsane, L., Murphy-Graham, E., Parkes, J., & Saito, M. (2014). ***Intervenções para melhorar a educação das raparigas e a igualdade de género: A rigorous review of literature.*** London: DFID.

Liga Interescolar Universitária

- Foram publicados 5 publicações e 9 artigos em jornais impressos e em linha, com destaque para a capacitação e a educação das mulheres.

- Durante o período abrangido pelo relatório, foram adicionados ou revistos 26 estudos de caso dirigidos a mulheres na Base de Dados da UNESCO sobre Práticas Eficazes de Literacia e Numeracia, em inglês e francês.

Printed by Books on Demand GmbH, Norderstedt / Germany